胸 針 小 飾 集

人氣手作家的
自然風質感選品

*Natural Style
Handmade Brooches*

$\mathcal{C}$ontents

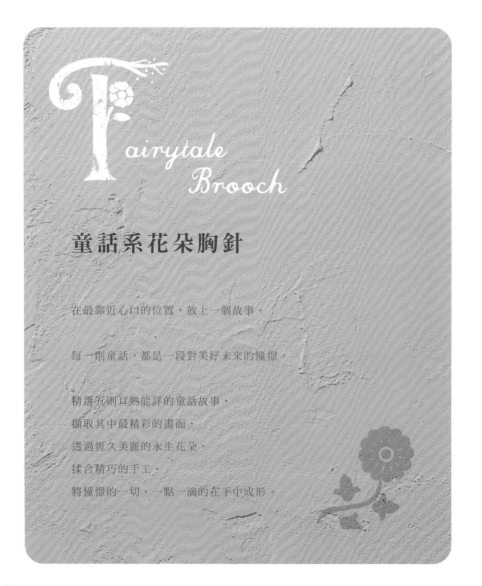

Fairytale Brooch

童話系花朵胸針

在最靠近心口的位置，放上一個故事。

每一則童話，都是一段對美好未來的憧憬。

精選五則耳熟能詳的童話故事，
擷取其中最精彩的畫面，
透過恆久美麗的永生花朵，
揉合精巧的手工，
將憧憬的一切，一點一滴的在手中成形。

Profile

Flower Reader
林哲瑋

巧偶花藝・設計的創意總監、重度閱讀者、旅行寫生畫家、觀星家。中文系出身的他，精於將文學與花朵結合，賦予其溫度、深度與廣度。獨特的美學風格自成一家，在婚禮佈置界深富影響力。

f 粉絲專頁
Flower Reader 林哲瑋

◎ Instagram
ciaoflowerreader

「每一朵花，都值得細細地被閱讀。」

這是我從事花藝工作以來，最深刻的體悟；每一朵花的獨特姿態，來自於各異的生長歷程；花藝工作者採擷這些花朵，以之訴說一段段人與人、人與花朵間的美好故事。

這些故事，都值得細細地被閱讀。

在此次胸針花藝創作中，我蒐集了五則經典童話故事，包括《白雪公主》、《人魚公主》、《美女與野獸》、日本的《竹取姬》，甚至是台灣原住民魯凱族的傳說《巴冷公主》等，將童話的元素拆解成具代表性的物件，透過花朵加以表現其隱藏在童話故事中對未來的美好嚮往。

我從花朵材質、花瓣色彩和組合技法，試圖找到能夠熨貼該故事象徵物件的材料手法，因此在發想階段決定以相對單純的手法，透過材料本身的美，來呈現故事中令人嚮往的畫面。

在花材選擇上，我刻意選用可以長久存放的永生及乾燥花材，以象徵這些故事的歷久彌新；然而花材前期的準備工作，卻著實令人煞費苦心，將所有永生和乾燥花葉一一解構、剪絲、黏貼、組合，都需要非常繁複的工序和極度的專注力。

而這一切的準備成果，需要在非常小的基座上組裝表現，和我平素運用鮮花所作的大型花藝裝置作品創作，有著極度迥異的思維邏輯；這樣小巧看似簡單的手工創作，所需花費的心神其實不下大型創作，而這樣的挑戰也讓我玩創作玩得非常開心。

這次所發想的五個胸針花藝創作，希望獻給所有內心仍懷抱童心的大人、所有相信明天會有幸福快樂結局的夢想家。

Snow White

白雪公主
的蘋果

那顆蘋果帶來的永眠，
原來是為了與你相遇的必經。

將暗紅、正紅、珊瑚紅、草綠色的
永生玫瑰切成細絲，
組成蘋果逐漸熟透的色彩漸層；
也象徵少女從睡夢中甦醒時，
雙頰的那抹酡紅。

The Tale of Princess Kaguya

竹與月

月光在竹林間
撒下溫柔的光芒。
在十五夜中，
向自由飛昇而去。

乾燥木賊和永生小尖尤加利樹葉
組成的青竹，
是竹取姬降生的竹林；
白色永生高山羊齒，
是月光裡朦朧的光暈，
也象徵著飛昇而去的遠方。

人魚公主
的魚尾

用在浪花中泅泳的自由，
交換無法錯失的真愛。

藍綠色調的乾燥尤加利葉、
白色永生樺木葉，
拼貼剪黏成人魚公主尾巴上
閃耀光彩的鱗片和尾鰭；
在乾燥湛藍飛燕草花瓣和
乾燥滿天星組成的浪花中，
凝結了那絕美的瞬間。

百合與蛇

Balenge ka abulru

潔白純潔的野百合、
斑紋錯彩的百步蛇，
這是台灣山林中最動人的情歌
——《巴冷公主》。

木百合的花蕊和
白色永生樺木葉製成的花瓣，
組成一朵在風中款擺的百合；
揉碎的染色乾燥尤加利葉片，
是百步蛇王身上斑斕的鱗片。
在愛情面前，沒有任何差異。

野獸的
玫瑰

Beauty and the Beast

層層疊疊的花瓣、

紅紅豔豔的色彩，

在真實無欺的愛情中，永遠盛開。

解構正紅、珊瑚紅、粉紅等

各色永生玫瑰花瓣，

重新以 Glamelia 技法，

重組成一朵永遠盛開的玫瑰；

象徵永恆長青的冬青葉，

則修剪成一片金燦的玫瑰葉片

與之呼應。

白雪公主的蘋果
Snow White

材料與工具

輕質石粉黏土 · 熱熔膠槍與膠條 · 花藝剪刀 · 壓克力顏料 · 花藝冷膠 · 白膠 · 鑷子 · 水彩筆 · 別針座 · 永生玫瑰 · 永生小樺木葉 · 樹枝

1 將輕質石粉黏土搓揉成蘋果造型之基底，靜置約十五分鐘待表面稍微乾燥。

2 混合紅、黃壓克力顏料，將石粉黏土基底正反兩面塗上底色。

3 將小樹枝剪下沾上花藝冷膠後插入基底，作出蘋果梗。

4 將暗紅、正紅、珊瑚紅、草綠色永生玫瑰各剝下五至七片花瓣，分別剪成細絲狀。

5 以細筆水彩筆將白膠塗在基座表面底部。

6　以鑷子夾起細絲狀花瓣，依草
綠、珊瑚紅、正紅至暗紅之順
序，仔細貼在基座上。

7　以熱熔膠槍在蘋果梗上，黏貼
一片小樺木葉。

8　以熱熔膠將別針固定於基底背
面。

9　即完成！

竹與月
The Tale of Princess Kaguya

材料與工具

輕質石粉黏土 · 熱熔膠槍與膠條 · 花藝剪刀 · 壓克力顏料 · 花藝冷膠 · 透明壓克力片 · 白膠 · 鑷子 · 水彩筆 · 別針座 · 永生高山羊齒葉 · 永生小樺木葉 · 木賊

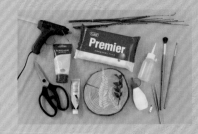

1 將輕質石粉黏土搓揉成圓月造型之基底，靜置約十五分鐘待表面稍微乾燥。

2 塗上黃色壓克力顏料，待顏料略乾，刷上銀色壓克力顏料，將石粉黏土基底正反兩面都塗上底色。

3 在基底背面黏上兩條細透明壓克力片。

4 以細水彩筆將白膠塗在基座表面底部。

5 黏貼上兩小片永生高山羊齒葉。

6 修剪永生小樺木葉。

7　以熱熔膠將小樺木葉黏貼在乾燥木賊上。

8　將木賊以熱熔膠黏貼在透明壓克力片上。

9　將透明壓克力片剪短至適當長度後，微調木賊姿態。

10　以熱熔膠將別針座固定於基底
背面。

11　即完成！

人魚公主的魚尾
The Little Mermaid

材料與工具

輕質石粉黏土 · 熱熔膠槍與膠條 · 花藝剪刀 · 花藝
冷膠 · 花藝噴漆 · 壓克力顏料 · 白膠 · 鑷子 · 水
彩筆 · 打洞機 · 別針座 · 乾燥飛燕草 · 乾燥滿天
星 · 噴色乾燥圓葉尤加利葉 · 永生樺木葉

1　將輕質石粉黏土搓揉成魚尾造型之基底，靜置約15分鐘待表面稍微乾燥。

2　混合藍、綠色的壓克力顏料，將石粉黏土基底正反兩面塗上底色。

3　以打洞機將噴色乾燥圓葉尤加利葉打成圓形小點。

4　將永生樺木葉修剪成尾鰭形狀。

5　剝下乾燥飛燕草花瓣。

6　剝下乾燥滿天星小花。

7　將所有材料備妥。

8　將樺木葉尾鰭沾上熱熔膠黏在基座尾端。

9　以鑷子夾起尤加利葉圓點，沾上花藝冷膠，從尾端依序排列往底部黏貼。

10　以鑷子夾起飛燕草花瓣，沾上花藝冷膠，在底部作出浪花造型。

11　在飛燕草浪花上點綴滿天星小花，作出碎浪感。

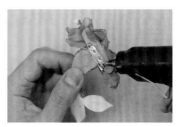

12　以熱熔膠將別針座固定於基底背面。

13　即完成！

百合與蛇
Balenge ka abulru

材料與工具

輕質石粉黏土 · 熱熔膠槍與膠條 · 花藝剪刀 · 花藝冷膠 · 花藝噴漆 · 壓克力顏料 · 透明指甲油 · 白膠 · 鑷子 · 水彩筆 · 別針座 · 永生玫瑰 · 噴色乾燥圓葉尤加利葉 · 乾燥木百合 · 乾燥木滿天星 · 永生樺木葉

1　將輕質石粉黏土搓揉成蛇身造型之基底。

2　在黏土未乾時,將兩枝乾燥木百合插入蛇身中間,作出盤旋其上的造型,靜置約15分鐘,待表面稍微乾燥。

3　將永生紅玫瑰花瓣剪出蛇信形狀,以花藝冷膠黏貼在蛇頭處。

4　在蛇腹處塗上灰銀色壓克力顏料作為底色。

5　揉碎紅、黑、白三種噴色乾燥尤加利葉,作為蛇鱗備用。

6　修剪永生樺木葉成百合花瓣。

7　以熱融膠槍黏貼六片花瓣在木百合底部，作出百合花造型。

8　以水彩筆沾白膠塗在蛇身，將尤加利葉蛇鱗依百步蛇花紋灑塗於蛇身。

9　將蛇身塗上透明指甲油製造光滑質地。

10　剪下帶亮片的木滿天星小花。

11　貼於蛇頭作出眼睛。

12　以熱熔膠將別針固定於基底背面。

13　即完成！

野獸的玫瑰
Beauty and the Beast

材料與工具

輕質石粉黏土 · 花藝剪刀 · 花藝冷膠 · 花藝噴漆 · 壓克力顏料 · 鑷子 · 水彩筆 · 別針座 · 永生玫瑰 · 噴色乾燥冬青葉 · 乾燥小星花

1 │ 將輕質石粉黏土搓揉成圓型基底，靜置約15分鐘，待表面稍微乾燥。

2 │ 以紅色壓克力顏料將石粉黏土基底正反兩面塗上底色。

3 │ 以熱熔膠將小星花黏貼在基座中央。

4 │ 將花藝冷膠由內而外點在基座上，靜置約1分鐘待表面稍微乾燥。

5 │ 將永生玫瑰花瓣依小至大，由內而外排列黏貼。

6　取金色冬青葉，修剪成卵型玫瑰葉。

7　將冬青葉以熱熔膠黏貼至基座背面。

8　以熱熔膠將別針固定於基底背面。

9　即完成！

森林系皮革胸針

Leather Brooch

常常喜歡探索野地，

在山林溪谷中，感受自己與自然之間的連結，

看著環繞在身邊各式各樣微小的植物們，

充滿生命力的綻放，總是可以激發我們更多靈感。

以植鞣皮革作為媒介，

將心之所嚮以手延伸，

製作一個一個點綴身畔的小物件，

作著作著，

又提醒是時候該動身向山林走去了……

Profile

嬤嬤 murmur

創作的初心是,在活著的時候放慢腳步、觀察內在、用心呼吸並感受生活的養分。

以植物為靈感來源,在生活中尋找能納入創作的元素,將那些被忽略的微小植物收集觀察之後,以植鞣皮革為媒介,仿造植物結構再現,經過十幾道繁複的手工工序,製作出專屬的自然系革飾。以臺灣常見的植物為靈感,如:臺灣欒樹、苦楝、蕨類和鹿角蕨等,以手工剪裁、染色、塑形……構築成不同姿態,配戴其身,讓人彷彿置身山林野地。

🅕 粉絲專頁
嬤嬤 murmur

📷 Instagram
@mamamurmurai

回到品牌的初心

一開始從事的是百貨公司的陳列工作,在下班之後,利用空閒時間學習並製作皮件。之所以挑選上這個材質,是因為覺得很實用,一個皮件完成之後,可以使用很久,而且會隨著時間和使用習慣,蛻變成不同的樣貌,非常迷人!

但在製作包包等物件後,也逐漸遇到瓶頸,好像一開始的初心消失了!偶然之間到戶外去散心走走,卻發現迷惘的心情被植物所療癒了!這才開始關注起植物的樣態與靈魂。不經意地拿起葉子來描繪,一開始選中的就是蕨類與鹿角蕨,將這喜歡的姿態以皮革製成,卻意外地成了品牌出名的設計。放在網路上展示之後,被許多人詢問洽購。原來,大家都想要親近植物,也渴望著以這樣的物件裝飾自己。

其後我們開始了植物的創作之旅,以越來越多的品種與花草,選用皮革描繪成型。不變的是我們多半選擇台灣的原生種植物,想強調與這片土地的連結,另一方面,也藉此機會,上山下海搜集素材,讓心靈與身體能夠一直與土地連結,創作出更為接地也更療癒人心的品項。

對胸針的注意,來自於到日本旅遊的記憶。我們發現許多路上的行人都會配戴胸針,宛如是自己個性與服裝的延伸。除了服裝搭配合宜之餘,原來胸針這小配件,也能創造出獨特的個人品味,彷彿也象徵著一種對生活講究的儀式感。因此在我們的品牌之中,不乏胸針與別針的創作,就算小小的,配戴上去就有了不同,點綴在包包或是外套上,讓那一天的心情都多了一點趣味與期待!

這次選在書中的是我們最拿手的款式,同時也象徵著品牌的初心。從最一開始的植物創作——腎蕨胸針、在日本遇見的銀杏記憶、象徵養育成人的家族蘭園事業的蘭花、工作室門前的銅錢草與野外遇見的落葉……這些植物代表了我們生活的軌跡,也是品牌的源頭,希望這些胸針也能在你的生活中,創造出不同的意義!

紅銅錢草
胸針

*W*horled Umbrella Plant

工作室門前有一片銅錢草，
大大小小地長了滿滿一盤，
每當下雨過後，看著它們直挺挺站在那，
心情就會很好。
最近不知被誰剃成光禿禿一片了，
但相信以它們堅韌的生命力，
也能很快地再生長出來。
它的英文名是 Whorled Umbrella Plant，相當可愛，
就像風雨無阻、撐著傘當個逆風少年郎的帥氣感覺！
配戴著這個胸針，
彷彿就有勇氣，面對每個未知的挑戰！

腎蕨別針

Tuberous Sword Fern

ER ONE
dows lengthening acro
d north towards Grot
urch at Boxford had
rt had stopped at t
be watered at the inn
Mary's tower the g
eone very old w thought
ounting the stro ile admiring
g, bong. Perha sexton would
The sexton t. Sepulchre's in
he had begged.
ttention, Elizabeth jumped off the
e church. The little church was
which decorated the High Altar.

當個採集撿拾者，

彷彿誠實地紀錄著，每個當下的自己。

小到家附近的花草蕨類，大到山林神木，

總是能輕易的，觀照內在、撫慰靈魂。

期許能像蕨類一樣，

不管在多惡劣的環境裡，

都可以自由又堅強的開展著身子。

蝴蝶蘭胸針

以手持剪，一片一片地剪裁花瓣。

想起了小時候，生活在充滿蘭花的農園，

蝴蝶蘭，對我來說，

有一種相當親切的感覺。

以這個胸針，

乘載著對親情的感念

和雋永的感性。

Phalaenopsis

銀杏胸針

旅行時，在京都佛光寺邂逅了
活了好幾個世紀的橙黃巨大銀杏樹。
在樹下看著風吹起一片片銀杏，
曼妙的飛舞著，
美到無法以言語形容。

這樣的思念與回憶，以手染的方式，
呈現銀杏由綠轉黃，再由黃轉橘的過程，
再以手工一刀刀刻畫出葉片上的紋路。

Ginkgo

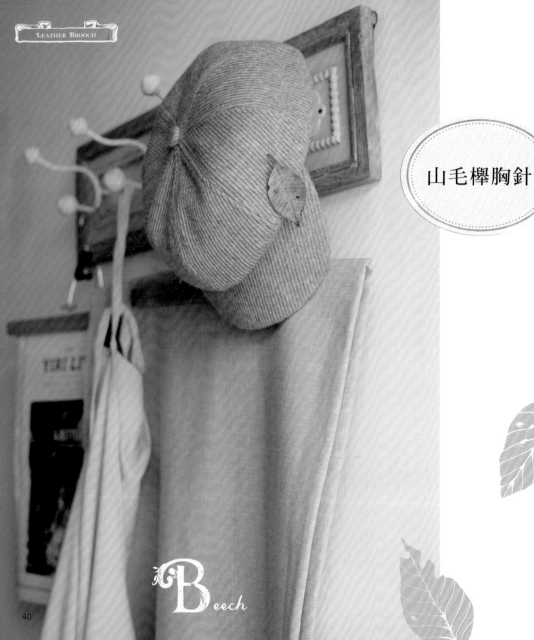

山毛櫸胸針

Beech

很喜歡觀察路邊掉落的落葉，

有各式各樣的姿態存在著。

在司馬庫斯觀察到山毛櫸葉子的變化，

自然界的巧奪天工，

讓我們一回家就想以皮革創作出來。

細細地描繪，染了很多次疊色，再作拋光處理，

展現出美麗的層次變化。

基本工具

1　塑形棒

2　畫線筆

3　水彩筆

4　打火機

5　調色盤

6　膠板

7　尺

8　丸斬

9　四菱斬

10　剪刀

11　筆刀

12　平口尖嘴鉗

13　剪口鉗

14　圓口鉗

15　木槌

16　日製皮革染料

17　美工刀

18　皮革強力膠

19　手縫針

20　上蠟尼龍線

21　噴霧瓶

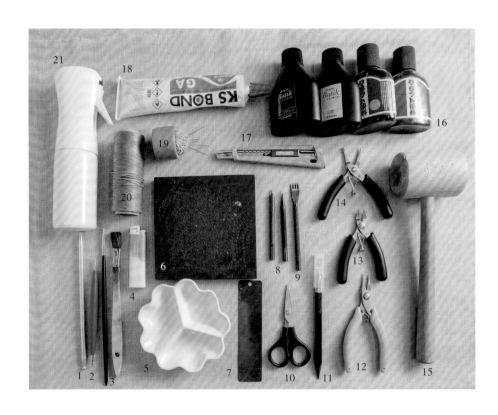

原寸紙型 請以紙描繪或影印後剪下，當作皮革的版型使用。

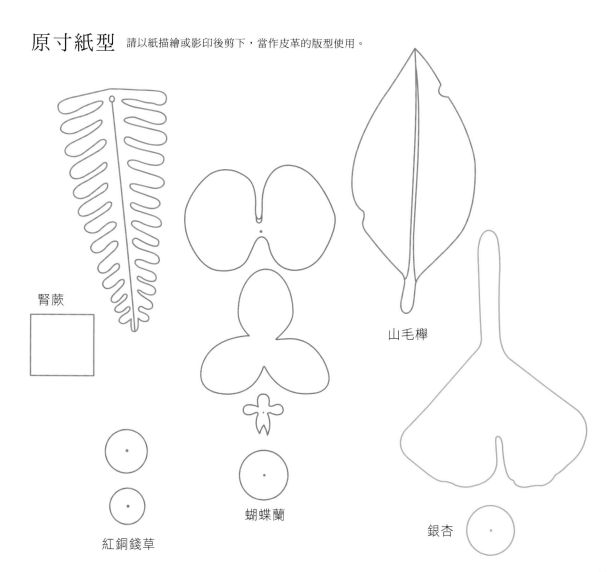

腎蕨

山毛櫸

紅銅錢草

蝴蝶蘭

銀杏

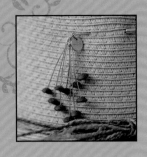

紅銅錢草胸針
Whorled Umbrella Plant

材料與工具

8mm 圓皮片 5 枚・10mm 圓皮片 5 枚・6cm 一字針 10 根・5mm 銀圈 1 個・3mm 銀圈 2 個・鍍銀一字胸針 1 個・塑形棒・膠板・木槌・丸斬・平口尖嘴鉗・剪口鉗・圓口鉗・噴霧瓶・針狀圓斬

1　以丸斬在植鞣皮革上敲出8mm及10mm兩個尺寸的小圓片，各製作五片。

2　在每一個小圓片的中心以針狀圓斬敲出一個小洞。

3　以水噴濕每一個圓片，再放置於塑型棒上，以手壓塑形。

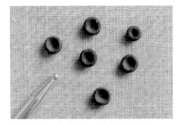

4　塑形完成後，請自然陰乾。

5　將塑形完成的10片小圓片分別串在一字針上。

6　將小圓片排列出不同層次高度後，再一起剪掉多餘的一字針。

7　以平口鉗將一字針前端5mm摺出90˚直角，準備作九字圈。

8　以圓口鉗將一字針的90˚直角反摺成圈，完成10根九字圈。

9　分別以兩個銀圈串上四根和六根一字針。

10　再將它們以一個銀圈組合在一起。

11　銅錢草部分完成。

13　將logo銅片和胸針組裝上去，即完成。

腎蕨別針
Tuberous Sword Fern

材料與工具

植鞣皮革・1.2cm×1.5cm 方形皮片（裝飾在別針上）・2cm 黃銅安全別針1枚・5mm 黃銅圈・蠟線1段・畫線筆・打火機・膠板・尺・丸斬・四菱斬・剪刀・錐子・平口尖嘴鉗・剪口鉗・圓口鉗・木槌・皮革強力膠・手縫針・噴霧瓶

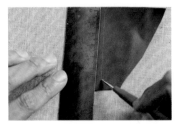

1　先在綠色植鞣皮革上以尺畫中心線。

2　以畫線筆描繪出腎蕨的形狀。

3　依照畫線記號，將腎蕨圖案以剪刀剪下來。

4　以最小號的丸斬，在葉子上壓出蕨類孢子的印子。

5　以水噴濕剪好的皮革，並塑形出葉子的立體感後，放至完全乾燥。

6　方形皮革塗上強力膠，對摺黏在別針上。

7　別針皮片畫線作出打洞記號，
　以四菱斬打洞。

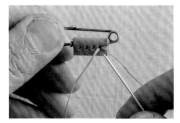

8　針先在起點穿兩圈，再開始單
　針縫，到尾端繞兩圈，再單針
　縫返回起點。

9　別針部分完成。

10　在腎蕨上方以0.6mm丸斬打洞
　準備穿黃銅圈。

11　將所有的五金組裝，即完成。

蝴蝶蘭胸針
Phalaenopsis

材料與工具

白色植鞣皮革 ・3mm 施華洛施奇珍珠一顆 ・2mm 黃銅線長度 2cm ・5.5cm 黃銅一字針 ・一字胸針 ・畫線筆 ・水彩筆 ・錐子 ・打火機 ・調色盤 ・膠板 ・尺 ・針狀圓斬 ・剪刀 ・筆刀 ・木槌 ・日製皮革染料 ・皮革強力膠 ・噴霧瓶 ・擋珠

1　在植鞣皮革上，以畫線筆描繪出蘭花的樣子。

2　依記號線將蘭花剪下來，並噴水塑形。

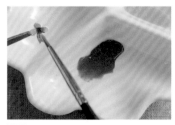

3　將蘭花蕊柱的部分，以皮革專用染料染色。

4　染好後，分別將三片皮片黏合。

5　一起在中心點以針狀圓斬打洞。

6　準備一根黃銅線穿入珍珠，並扭線固定。

7 將黃銅線穿入打好洞的蘭花中。

8 背面串上擋珠，並以平口鉗壓扁固定。

9 將打好的圓片中心點以針狀圓斬打洞。

10 穿過一字胸針並黏貼固定。

11 即完成。

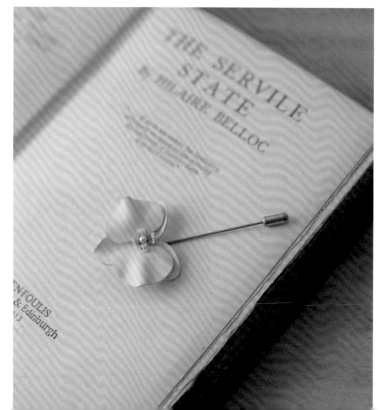

銀杏胸針
Ginkgo

材料與工具

植鞣皮革 · 5.5cm 黃銅一字胸針 · 錐子 · 畫線筆 · 水彩筆 · 調色盤 · 膠板 · 丸斬針狀圓斬 · 剪刀 · 木槌 · 日製皮革染料 · 美工刀 · 皮革強力膠 · 噴霧瓶 · 丸斬 · 黃銅圈

[1] 在植鞣皮革上，以畫線筆描繪出銀杏的樣子。

[2] 沿著畫線記號剪下銀杏。

[3] 以皮革專用染料染色，保留一小部分尾端不上色。

[4] 尾端染綠色時，可以疊一些在黃色上，營造出漸層的效果。

[5] 以美工刀的刀背刻畫出銀杏的表面紋路。

[6] 噴水後手捏塑形，放在一旁等待乾燥定型。

7　以丸斬打出一個黃色皮片。

8　在黃色皮片中間以針狀圓斬打一個小洞。

9　皮片穿過一字胸針。

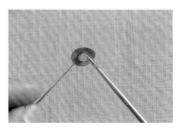

10　圓皮背面塗上強力膠。

11　黏在銀杏後方適當的位置。

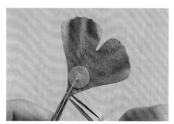

12　加上一個黃銅圈固定皮革和胸針。

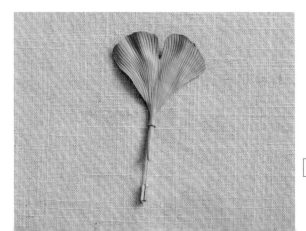

13　即完成。

山毛櫸胸針

Beech

材料與工具

植鞣皮革 · 黃銅別針 · 錐子 · 畫線筆 · 水彩筆 · 調
色盤 · 膠板 · 丸斬 · 月形花斬 · 剪刀 · 筆刀 · 木槌 ·
日製皮革染料 · 美工刀 · 皮革強力膠 · 噴霧瓶

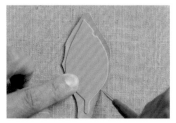

1 在皮革上沿著紙型描繪葉子的
形狀。

2 沿著記號線剪下來。

3 以皮革專用染料分次暈染，記
得背面也要染色。

4 染好4至5個顏色後，再以美工
刀的刀背雕刻出葉脈紋路。

5 葉子破洞處可以使用美工刀切
割，或丸斬打洞的方式呈現。

6 噴水後以手捏塑型，等待乾
燥。

7 剪一片比原先葉子小一點的皮片。

8 在上面以月形花斬打上可以穿入別針大小的洞。

9 穿入別針並黏合於葉子背面。

正面

背面

10 即完成。

Embroidery
Brooch

生活系刺繡胸針

自接觸手作的那一刻起，
每件作品，都是我的人生記錄。

以四組主題刺繡，
結合圖案創作的胸針，
將記憶裡的吉光片羽，
別在我的創作故事裡。

Profile

RUBY 小姐
陳慧如

拼布資歷 28 年，彩繪專研，刺繡創作職人。現為「八色屋拼布．彩繪教室」負責人。具有日本普及協會第一屆拼布、機縫指導員、彩繪講師資格，日本普及協會第一屆刺繡講師，日本生涯協議會第一屆英國刺繡指導員，日本 sun-k もく mama 彩繪、森初子歐風彩繪、仁保彩繪、白瓷彩繪、ANGE 四人彩繪、Zhostovo 俄羅斯彩繪、日本 AUBE 不凋花講師、日本植物標本講師資格。著有《布可能！拼布．彩繪．刺繡在一起》一書、《耳環小飾集：人氣手作家の好感選品 25》（合著）。

因喜愛而進入了手作世界，近年來也吸引香港，澳門等地學生來學習。

📘 **粉絲專頁**
八色屋拼布・彩繪教室

手作即人生

自小受媽媽的影響，對手作 DIY 有深厚的興趣，不論在何處，與手作相關的物品，總能吸引我的第一目光，除了廣泛的實用性，豐富的多樣化運用，更是令我著迷的原因。

製作拼布作品多年，除了千變萬化的各種拼接圖案，加上精緻的各式刺繡技法，兩者相乘又能使作品更為加分。此次的胸針創作，以刺繡表現與拼布相關的元素，許多圖案都有特殊的典故，例如：婚戒圖形——以出生至結婚所穿過的衣服製作，重疊式的環狀戒，指代表結婚連繫幸福的象徵；六角形——拼布人一定會作的祖母的花園圖案，就是利用六角形拼接的方式展現；還有熟悉的小木屋圖案、房子、八角形、帥氣的領結，祖母的扇子，縫紉工具…等，不勝枚舉。

將這些包圍在我生活中喜愛的元素，以刺繡來縮小創作成為胸針，可任意搭配在衣服、帽子，圍巾，手提包上掛飾，亦可當成項鍊墜飾，呈現屬於自己的風格。

每一件喜歡的手作物品，都賦予了以時間灌溉而別具珍貴的意義，對我來說，手作即是人生。

夢想小屋

若能擁有一片森林，
我想砌幾間
以花草環繞的小屋，
坐在門前的小搖椅，
一邊聽音樂，一邊刺繡著…

Dream House

使用繡法 小木屋：鎖鍊繡，緞面繡，長短針繡，輪廓繡，直線繡，結粒繡，雛菊繡。

小花房：釘線繡，鎖鍊繡，單邊編織捲線繡，緞面繡，輪廓繡，結粒繡，雛菊繡，盤線分離釦眼繡。

我美麗的
朋友們

我喜歡收集：

復刻縫紉機、剪刀、頂針，

這些舊舊的縫紉工具們，

每一件都有自己的故事，

也都是陪我

一起經歷人生的老朋友。

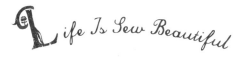

Life Is Sew Beautiful

使用繡法

復刻縫紉機：鎖鍊繡，緞面繡，輪廓繡，結粒繡，長短針繡。

花圈頂針：飛行繡，魚骨繡，盤線分離釦眼繡。

造型線板：釘線繡，鎖鍊繡，緞面繡，輪廓繡。

拼布這堂課

Lesson

連繫著幸福的婚戒圖案、
六角形拼成的祖母花園、
初學者必練的花籃圖案、
回味這些經典元素，
能夠說的，太多太多。

拼布這堂課，
學的是基本功，
練的是經驗，
而作品裡累積的時間，
全是無法取代的珍寶。

使用繡法 婚戒：鎖鍊繡，緞面繡，輪廓繡。
六角形祖母花園：立體葉形繡，鎖鍊繡，緞面繡，長短針繡，捲線繡，結粒繡。
花籃：立體葉形繡，釘線繡，單邊編織捲線繡，緞面繡，輪廓繡，結粒繡，捲線結粒繡，回針繡，魚骨繡。

理想午茶

拎個親手編織的提袋，

享受獨處的午茶時光。

點了喜歡的蛋糕、水果茶……

杯子，

也是自己最最喜歡的藍色，

我心中

最棒的理想生活，是自己選擇。

使用繡法 **藍杯子**：輪廓繡，鎖鍊繡，盤線分離釦眼繡，立體葉形繡，長短針繡，雛菊繡，捲線結粒繡。

小提袋：釦眼繡，結粒繡，回針繡，盤線分離釦眼繡，立體葉形繡，單邊編織捲線繡。

蛋糕：輪廓繡，結粒繡，緞面繡，立體葉形繡，鎖鍊繡。

基本工具

1. 白膠
2. 水消筆
3. 針筆
4. 線剪
5. 布剪
6. 10cm 刺繡框
7. 雙面膠

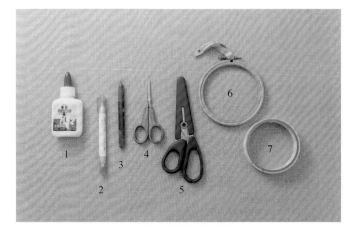

1. 串珠針
2. 刺繡針
3. 亮片及各式玻璃珠
4. 裝飾鈕釦
5. 安全別針
6. 手縫線
7. 銀線

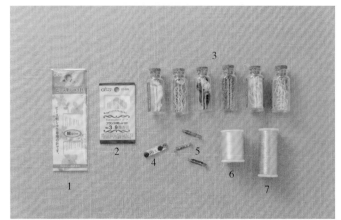

本書使用 DMC 繡線色號:

B5200,8,356,381,453,598,611,64
4,645,822,832,

834,841,926,927,945,976,988,30
13,3024,3032,3045,

3046,3047,3052,3053,3347,3348,

3362,3363,3379,

3773,3799,3811,3813,3816,3821,

3823,3831,3858,3859,3862

1. 歐根紗

2. 白色棉布

3. 白色不織布

4. 刺繡轉寫紙

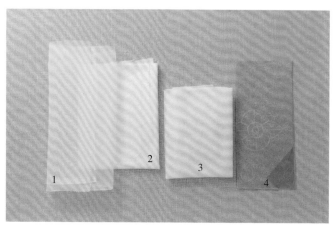

☞ 繡線的使用方法

1 從標籤處抽出繡線。

2 抽出約60cm的繡線剪斷。

☞ 穿線

3 將繡線一股一股抽出。

4 在繡線約2cm處將針線疊放在一起。

5 將線對摺。

6 摺雙處壓扁,較易於穿線。

⚷— 繡線起針 & 結尾的收線方法

1 起針時，請先預留一段繡線後再起針。

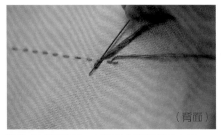

（背面）

2 以針尾繞線，較不易勾到繡線及布料。

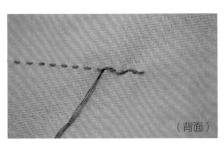

（背面）

3 繞約4、5針即可。

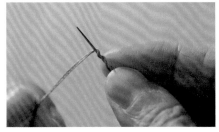

4 結尾時，將針放在右手，左手拉線，接著將繡線在針上繞兩圈。

5 左手輕輕捏著繞線部分，右手輕輕拔針。

6 打結完成。

基本技巧

⚷ 回針繡

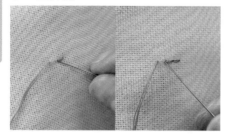

1 於起針處往前入針，依序連續刺繡。

2 完成回針繡。

⚷ 輪廓繡

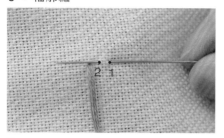

1 出針後，將線放置於下方，1入2出針。

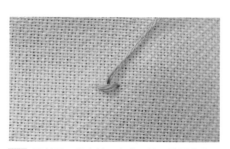

2 於針目一半出針，完成一針。轉彎處針目可縮小一點，線條較流暢。

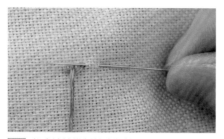

3 依序連續進行輪廓刺繡。

4 完成輪廓繡。

☛ 釘線繡

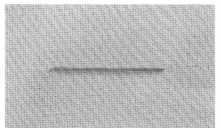

1 先將繡線沿著圖案固定於布上。

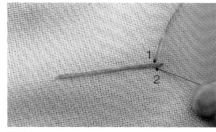

2 再從下方1出針，2入針，固定布上的線。

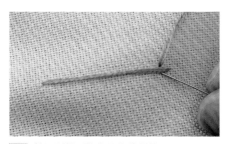

3 針目距離可依作品設計調整。

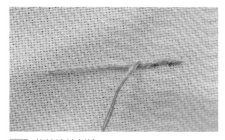

4 依續連續刺繡。

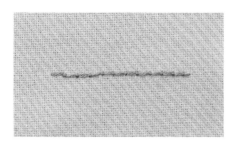

5 完成釘線繡。

⚷ 鈕眼繡

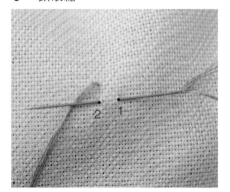

1 將線稿方向打直，將線放置於左手邊，依
序1入針，2出針。

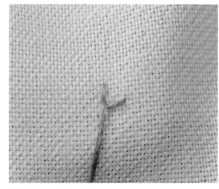

2 第一針完成圖。

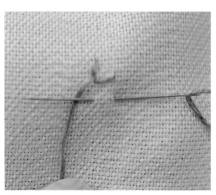

3 依序連續進行鈕眼繡。

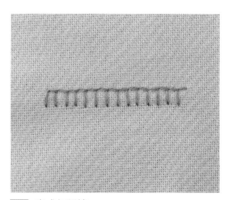

4 完成鈕眼繡。

⚞━ 雛菊繡

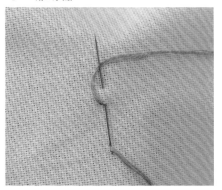

1 將線置於上方，於出針處入針，依所需距離出針。

2 將線輕輕往前抽出，形成一個小水滴狀。

3 於上方1處入針固定。
（圖標示）

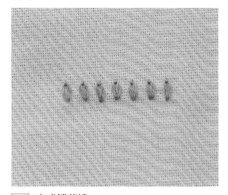

4 完成雛菊繡。

⚷ 飛行繡

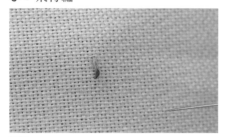

1 起針時先作一個直針繡。

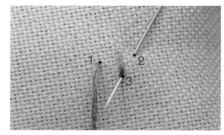

2 依序接著作出如同Y字的飛行繡。

3 依序1入針，2出針，連續下一個飛行繡。

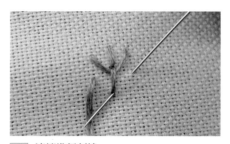

4 連續進行刺繡。

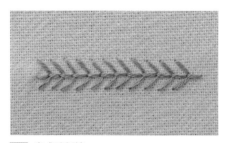

5 完成飛行繡。

☞ 結粒繡

1 在出針處，左手拉線，右手拿針。

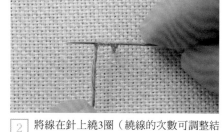

2 將線在針上繞3圈（繞線的次數可調整結粒繡的大小）。

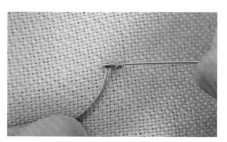

3 離出針處約0.1cm入針稍固定，並將繞線部分往下移動靠近布上。

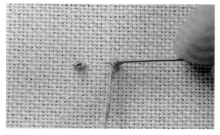

4 將線輕輕往下拉，形成一個結粒繡。

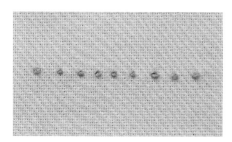

5 完成結粒繡。

⚷ 魚骨繡

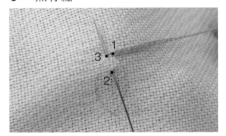

1 依序1出針，2入針，在3出針（在1的旁邊），完成直針繡。

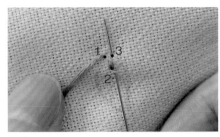

2 依序1出針後，沿著中心線2入針，在3出針。

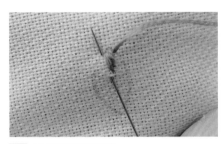

3 接著進行連續刺繡。

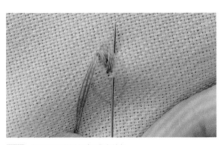

4 依照同樣的方式刺繡。

5 完成魚骨繡。

☗━ 鎖鍊繡

1　將繡線放置上方，於出針處入針，依所需
　　距離出針。

2　將線輕輕抽出，形成一個小水滴狀，完
　　成一個鎖鍊繡。

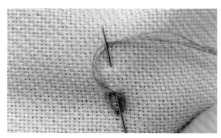

3　依序連續進行鎖鍊繡。

4　連續鎖鍊繡。

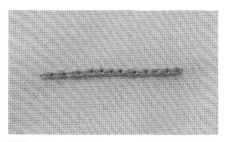

5　完成鎖鍊繡。

⚜ 立體葉形繡

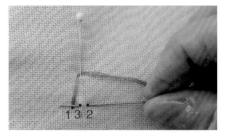

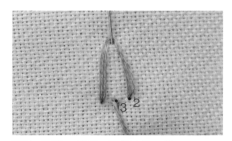

1 以珠針固定代表葉子的長度，在1出針，2入針，決定葉子一半的寬度的3出針，並將線掛在珠針上。

2 2入針，3出針，即葉子的一半。

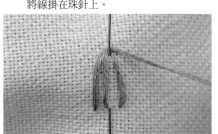

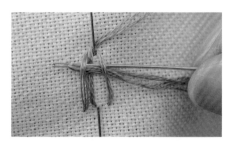

3 將線抽出後，再掛在珠針上。

4 以針尾由右往左，上下交錯編織。葉尖處可稍拉緊。

5 再從左往右，上下交錯編織。

6 重複編織動作，並留意拉線的力道會影響葉子的姿態。結尾在珠針處入針。

7 完成立體葉形繡。

8 完成五個立體葉形繡。

9 以同色繡線，將葉子尖端處稍固定於布上。

10 固定於布上。

11 五片固定後，完成一朵立體花。

⚷ 緞面繡

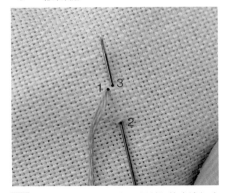

1 從1出針，2入針，在3（緊鄰1的旁邊）出針。

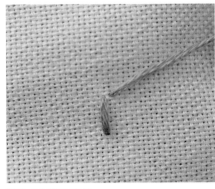

2 將線輕輕抽出。

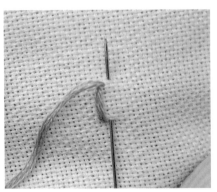

3 接著連續刺繡，線不要拉太緊，布才不會皺。

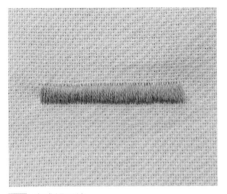

4 完成緞面繡。

⚷ 捲線結粒繡

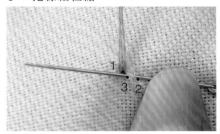

1 在1出針，隔0.3cm處的2入針，再於1的旁邊3出針。

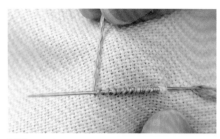

2 將針暫時置於布上，將繡線輕輕繞約12圈（繞線次數可以調整圈圈的大小）。

3 抽線時，右手輕輕一邊拔針一邊轉針，較容易抽線。

4 繼續拔針拉線。

5 在2處入針即完成。（圖標示）

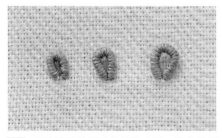

6 可依繡線數量及繞線的次數，變化線圈的大小。

捲線繡

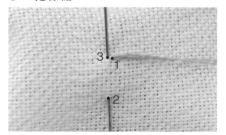

1 在1出針，2入針，再於1旁邊3出針。

2 將線輕輕捲在針上，繞比1-2處的長度還要多一些。

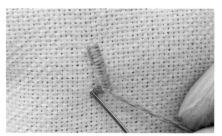

3 抽線時，可以左手拇指輕輕固定線圈，在慢慢拉線抽出。

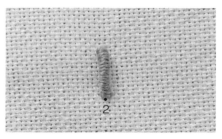

4 在2處入針。（圖標示）

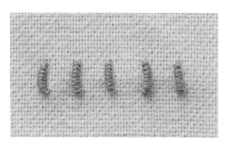

5 完成捲線繡。

☍━ 單邊編織捲線繡

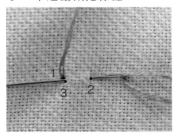

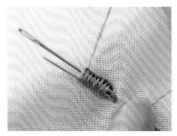

1 在1出針，2入針後，再於3出針（即1的位置），且暫時不拔針。

2 增加一隻針增加寬度，並固定在布上好操作。將線扭轉繞一個圈，鬆鬆的套在針上，重複此動作。

3 重複線繞一個圈再套針的動作數次。

4 慢慢拉線移除針。

5 一邊拉線，一邊調整形狀，在2入針。

6 單邊編織捲線繡。

7 完成單邊編織捲線繡。

❦ 長短針繡

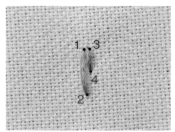

1 第一層依1出針，2入針，3出針，4入針的順序，繡出長針目和短針目。

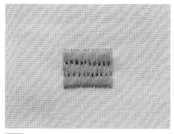

2 第二層之後以相同的長度刺繡。（示範為第一層和最後一層）。最後以長短針目完成。

3 完成長短針繡。

❦ 盤線分離鈕眼繡

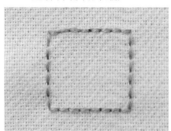

1 以回針繡繡出輪廓。

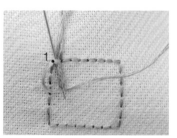

2 從1出針，線置於下方，以針尾穿過回針繡。

3 拉線完成第一個繞線針目。

4 完成第一排繞線鈕眼繡，請不要拉太緊。

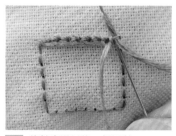

5 將針穿過最後一個回針。

6 由右往左，穿過右側第一個回針。

7 再穿過左邊第一個回針，形成一條直線。

8 將線置於下方，以針尾穿過上一排的釦眼繡及直線。

9 完成第二排釦眼繡。

10 從右邊第一個回針出針，穿過第二個回針。

11 依序連續進行釦眼繡。

12 繡到最下層時，將回針與釦眼繡繞在一起。

13 完成盤線分離釦眼繡。

☞ 玻璃串珠刺繡

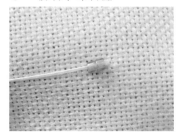

1 一針串起兩顆珠子。

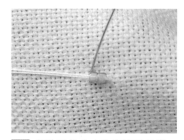

2 依珠子的大小決定針目長度，
在珠子旁垂直入針。

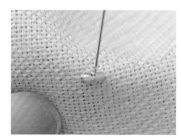

3 從兩顆珠子中間出針。

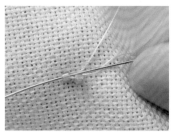

4 回針一顆固定，較不易鬆脫。
（若是單顆或不規則填滿時，
亦可單顆回針縫製）

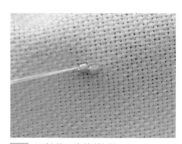

5 回針後可輕輕拉緊。

6 接著連續縫製玻璃珠。

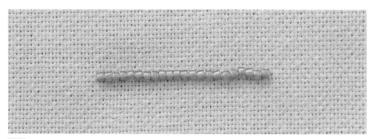

7 完成玻璃串珠刺繡。

◆━ 亮片刺繡

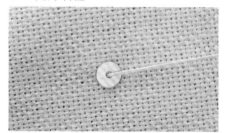

1 穿入第一片亮片。

2 在亮片的邊緣垂直入針固定，依亮片的半徑出針。

3 穿入第二片亮片，在前一個亮片邊緣入針。

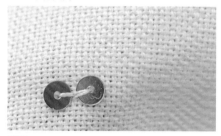

4 第二片亮片固定完成，並重疊在前一片亮片上。

5 完成平面亮片刺繡。

基礎製作

描圖&刺繡

1 將圖稿及布用珠針固定,中間加入刺繡用轉寫紙。

2 圖稿上方可放置玻璃紙較易描圖。

3 完成描圖。

4 將布及歐根紗以刺繡框固定。

5 依照線稿圖示完成刺繡。

6 修剪多餘的布料,約留1cm縫份。

7 再將布料修剪至圖案邊緣約0.2cm，留下歐根紗不剪。

8 布料沿邊緣修剪。

9 修剪完成。

10 以雙面膠貼滿背面。

11 修剪多餘的雙面膠。

12 沿著邊緣剪牙口。

13 將雙面膠的背紙拆掉。

14 一邊拆一邊往內摺收邊。

15 收邊完成。

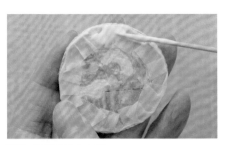

16 在背面塗上白膠。

17 黏貼在不織布上面。

18 沿邊修剪不織布。

19　修剪完成。

20　別針背面塗上一層白膠。

21　固定於別針背面。

22　別針固定完成。

23　別針作品完成。

刺繡附錄圖案

※ 請搭配附錄圖案參考 P.68-91 完成作品。

※ 本書使用繡線為 DMC，圖案標示數字為色號，除了（ ）中數字指定股數之外，其餘皆以 2 股進行刺繡。

P.58 夢想小屋
Dream House

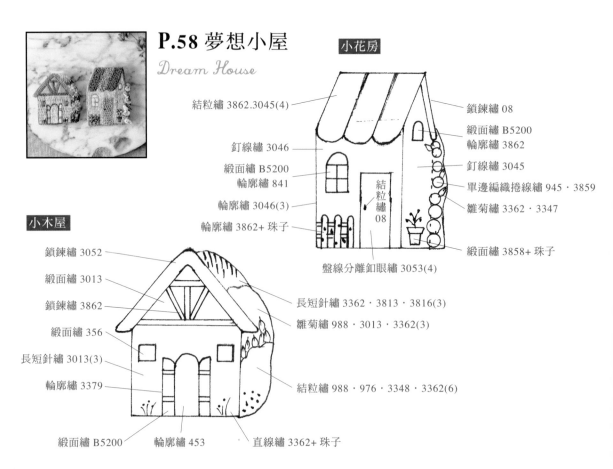

小花房

結粒繡 3862.3045(4)

鎖鍊繡 08

緞面繡 B5200
輪廓繡 3862

釘線繡 3046

釘線繡 3045

緞面繡 B5200
輪廓繡 841

單邊編織捲線繡 945・3859

輪廓繡 3046(3)

雛菊繡 3362・3347

輪廓繡 3862+ 珠子

結粒繡 08

緞面繡 3858+ 珠子

盤線分離釦眼繡 3053(4)

小木屋

鎖鍊繡 3052

緞面繡 3013

鎖鍊繡 3862

長短針繡 3362・3813・3816(3)

雛菊繡 988・3013・3362(3)

緞面繡 356

長短針繡 3013(3)

輪廓繡 3379

結粒繡 988・976・3348・3362(6)

緞面繡 B5200

輪廓繡 453

直線繡 3362+ 珠子

P.60 我美麗的朋友們

Life Is Sew Beautiful

復刻縫紉機

緞面繡 841 · 927 · 3773 · 3811

緞面繡 3047 · 945 · 3773 · 3859 · 356

鎖鍊繡 926

緞面繡 3047 · 3811 · 3773 · 3859 · 945 · 356 · 927 · 926 · 644

輪廓線 945 · 3811 · 珠子

輪廓繡 927 鎖鍊繡 緞面繡

緞面繡 356 · 381 · 926 · 3047 · 3773

長短針繡 644

緞面繡 945 · 3047

緞面繡 381 · 927

結粒繡 3859

銀色線

輪廓繡 841

緞面繡 926 · 927 · 841

整個輪廓縫一圈珠子

花圈頂針

盤線分離釦眼繡 841.926

飛行繡 3363

盤線分離釦眼繡 945(3)

整個外圍 縫一圈珠子

盤線分離釦眼繡 3047 · 834(3)

珠子

飛行繡 3363

盤線分離釦眼繡 841(3)

盤線分離 釦眼繡 926 · 927(3)

魚骨繡 3013

珠子 + 亮片

造型線板

鎖鍊繡 3799(1)

緞面繡 832

輪廓繡 3859

釘線繡：銀色線

緞面繡 3831

整個外圍 縫一圈珠子

鎖鍊繡 841

亮片

鎖鍊繡 453(1)

緞面繡 3831

釦子

緞面繡 B5200

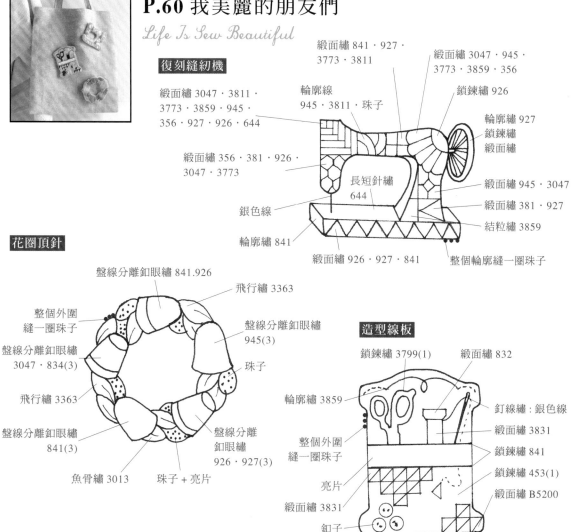

P.62 拼布這堂課

Lesson

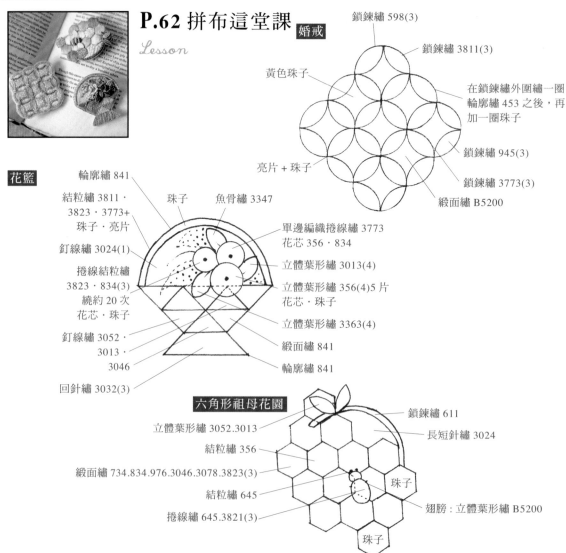

婚戒

鎖鍊繡 598(3)

鎖鍊繡 3811(3)

黃色珠子

在鎖鍊繡外圍繡一圈
輪廓繡 453 之後,再
加一圈珠子

鎖鍊繡 945(3)

鎖鍊繡 3773(3)

亮片 + 珠子

緞面繡 B5200

花籃

輪廓繡 841

結粒繡 3811‧
3823‧3773+
珠子‧亮片

珠子

魚骨繡 3347

單邊編織捲線繡 3773
花芯 356‧834

釘線繡 3024(1)

捲線結粒繡
3823‧834(3)
繞約 20 次
花芯‧珠子

立體葉形繡 3013(4)

立體葉形繡 356(4)5 片
花芯‧珠子

立體葉形繡 3363(4)

釘線繡 3052‧
3013‧
3046

緞面繡 841

輪廓繡 841

回針繡 3032(3)

六角形祖母花園

立體葉形繡 3052.3013

鎖鍊繡 611

長短針繡 3024

結粒繡 356

緞面繡 734.834.976.3046.3078.3823(3)

結粒繡 645

珠子

捲線繡 645.3821(3)

翅膀:立體葉形繡 B5200

珠子

P.64 理想午茶 藍杯子
Tea Time

輪廓繡 927

鎖鍊繡 926

輪廓繡 3823(3)

盤線分離釦眼繡 926(6)

盤線分離釦眼繡 926(6)

長短針繡 927

雛菊繡 3347+ 珠子

捲線結粒繡 3773(3)
繞約 16 次

立體葉形繡 3013(3)

小提袋

釦眼繡 08(4)

結粒繡 3347・3013+ 珠子

回針約 6 針

1. 以回針繡製作輪廓
   一圈。
2. 進行盤線分離釦眼
   繡 3045(6)
3. 在第 4.5.6 段時各
   加 2 針 (約中間處)

回針
約 22 針 (3)

立體葉形繡 3347・3013(4)

回針約 29 針 (3)

單邊編織捲線繡 926
花芯 3773

蛋糕

輪廓繡 356・822・3862

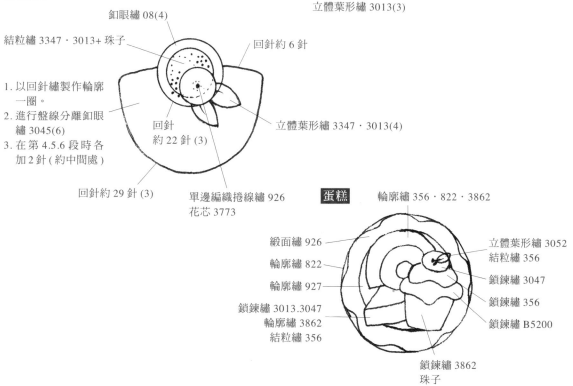

緞面繡 926

輪廓繡 822

輪廓繡 927

鎖鍊繡 3013.3047
輪廓繡 3862
結粒繡 356

立體葉形繡 3052
結粒繡 356

鎖鍊繡 3047

鎖鍊繡 356

鎖鍊繡 B5200

鎖鍊繡 3862
珠子

Cats Brooch

繪本系布作胸針

靈感來自於日常生活及繪本，
呈現以貓為主題的五款作品。

運用零碼布或喜愛的圖案，
即可變身為可愛的小別針，
亦能賦予它新的手作生命。
願你也能感受其中，
月亮想要傳遞給你的 ——
溫暖純摯的赤子之心。

Profile

Tsuki

月亮

不定期於手作雜誌刊載作品。愛手作，愛繪本，愛音樂，愛與小孩玩在一起の平凡家庭主婦。

f 粉絲專頁
月亮 Tsuki

作你心裡所想的

因丈夫的工作緣故，約有兩年時間是在日本度過的。那時深深感受到，手工藝幾乎滲入日本人的生活，且成為不可或缺的心靈養分。更讓我感到訝異，是日本人的「手作之情」竟是從內心所誕生的禮物。而這份「情」也悄然地溫潤了我的內心，並沁入了我的生命，悄悄開啟了手作之路。

總是靜靜待在一旁陪伴，守候著手作職人的貓咪，時而俏皮可愛的萌樣，讓我興起了創作意念。平時就愛看繪本的我，腦海中亦常浮現一些天馬行空的故事，自己也常不禁會心一笑呢！先生也常說我像個大孩子般稚氣。平時在心裡總常構思所想的每一個圖案，在看到布料時，也總自然浮現作品的輪廓。「手作不是作你所看到的，而是作你心裡所想的。」我一直是這麼認為。

這次以貓咪為主題創作了五款作品，靈感來自於日常生活及繪本，作品也特別為初學者所設計，尺寸小巧，簡單易作。將零碼布或喜愛的圖案變身為可愛的小別針，並用心賦予它新生命。隨心所欲，簡單有趣，更是它的魅力所在。作品雖不是唯妙唯肖，但將作品增添溫度並加以琢磨，那有點笨拙的模樣卻能撫慰你的心，那便是種幸福喜悅了！這次參與了製作圖程繪製及可愛插畫，溫暖純摯之情，是我最想要傳遞的。

在家事、育兒及手作之間，即使每天只有短暫時間能夠自由運用，但穿梭在針線之間是讓我最為珍惜的時光，沉浸在喜愛的事物，一針一線勾勒縫製，心同時也被療癒了！雲淡風輕的午後，獨自一人品味不受干擾的寧靜時光，是愜意的，是幸福的。

讓我們一起沉浸在針、線、剪之間的交織時光裡，一起感受溫暖美好的手作慢生活。

S mile fish

微笑的魚

晨間媽咪故事時間，一走進教室，

一群可愛充滿朝氣的小不點們，

總用那純淨明亮炯炯有神的雙眼，笑咪咪的望著我，

是覺得月亮可愛嗎？不是的……

其實是為了我手中的小魚仔禮物！

這段曾經美好的時光讓我格外珍惜。

作品將小魚化成尺寸小巧的別針，

也將它取名為「にこにこ魚（微笑的魚）」，

也藉此希望微笑魚仔能將這份快樂傳達給每一個人。

微笑如春天的和風，柔和的冬陽，

別忘了給生活及自己一個微笑喔！

友情呢喃

Cats whisper

這件作品的靈感來自於我喜愛的繪本《貓咪旅館》。
柔美的山、海、及溫暖人心的畫風，總讓人意猶未盡。
故事裡，訴說著花藜奶奶與貓咪們的溫馨故事。
「離別是為了下一次美好的相遇。」
作者海蒂將對動物的思念及愛化為創作，
並教導了我們要懂得體會生命的無常與美好。

作品將貓咪以手作方式呈現，簡約中帶著淡淡的甜美，
每個造型及表情都有它的可愛之處，
希望透過手作一起來享受繪本世界的樂趣，
並傳遞給我們滿滿的溫暖能量。

春日輕喵

清新柔美、簡單樸實，一直是我的最愛。
在思索著下個作品時，映入眼簾的條紋布款，
腦海中瞬間閃過了一個畫面，
繪本的封面那高高舉起小寶貝的母親，
深深傳遞出母愛最濃厚與誠摯的情感。
《有一天》這本繪本，
如詩歌般的手寫文字及細膩的插畫，
情感是如此的真切、平凡、溫馨。
對於這款作品其實沒有特別的構思或想法，

是因為小寶貝身上的條紋衣衫嗎？
或許是，也或許不是吧！
我想，就只是單純喜愛這樣真摯的情感，
而身為母親，對於這樣的情感更為深刻，
就如同這款布給人的感覺般。
可愛逗趣的表情、微彎的眉角、淺淺微笑、溫婉甜美，
是此件作品令人著迷之處。
它觸碰的不僅僅是久遠的回憶，
而是那被埋藏於時光寶箱深處裡的記憶。

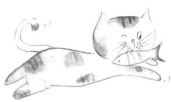

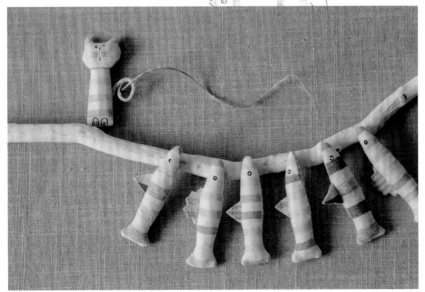

隨心所欲～喵

Follow your heart

在某個地方，

有一對感情超好的朋友，

他們就是：大大貓和小小貓。

「天啊！有個飯糰掉在地上呀！」

「哎呀呀！有個飯糰掉在地上呢！」

——引自《大大貓和小小貓》繪本

於是，有趣的飯糰爭奪權就這樣展開了……

故事的架構是以兩隻感情要好的小貓，偷了主人桌上的小魚，

卻有著「寧負天下主，不負眼前食」的逗趣行為及表情。

以絲棉布花光澤，顯現出豔麗花朵盛放之姿，並勾勒出身體部分，

加上可愛的造型及賣萌的姿態為其魅力所在，是不是有種蠱惑人心的魔力，

成為「剷屎官」也甘之如飴的想法呢？

繪本總有著讓人描繪未來的靈感，及找回久遠前的單純美好，

這就是我最想傳達的溫馨之情。

惬意～
ニャオ

Chill Cats

記得第一次在日本書店繪本區隨意翻閱時，

發現了《11 隻貓》這本繪本。

那大膽幽默的畫風，無厘頭卻又充滿魅力的劇情，令我深深著迷。

尤其是那條天馬行空的魚及大快朵頤後的貓咪們，悠哉的可愛模樣，

令我至今印象深刻。

本件作品將貓咪飽足後的慵懶滿足模樣，

如輕輕甩尾、ニャオ（Nyao）的叫聲，

以流蘇感的外框展現貓咪不受傳統框架限制的自在隨興。

尾端魚線及框框繡線也以各種不同色彩代表著貓咪們多采多姿的生活。

小巧輕盈的小魚，更是充滿各種療癒可愛造型，

希望你也能感受到這充滿幽默可愛的元素設計，一起踏入貓咪的奇幻世界。

基本工具

1　繡線
2　棉花
3　手縫針
4　腮紅
5　布膠
6　珠筆
7　中性筆
8　手工藝專用鉗子
9　車線
10　剪刀
11　尺
12　壓克力顏料

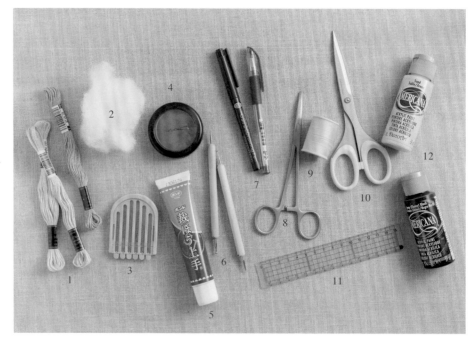

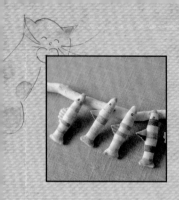

微笑的魚
Smile fish

材料與工具

表布9×4cm 2片・背鰭布2×2cm 1片・棉花・別針・
壓克力顏料

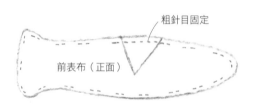

粗針目固定

前表布（正面）

1　固定魚的背鰭。

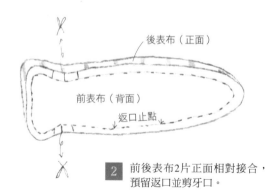

後表布（正面）

前表布（背面）

返口止點

2　前後表布2片正面相對接合，
　　預留返口並剪牙口。

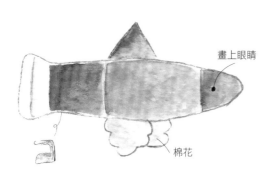

畫上眼睛

棉花

3 翻至正面稍作整燙，畫上眼睛，並填入棉花。

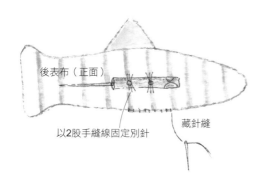

後表布（正面）

以2股手縫線固定別針

藏針縫

4 返口以藏針縫縫合並縫上別針固定即完成。

紙型

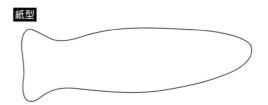

友情呢喃
Cats whisper

材料與工具

表布 10×10cm 2 片 ・ 配布 3×5cm 2 片 ・ 耳布及小魚（依個人喜好布款搭配）・ 繡線 ・ 棉花 ・ 別針 ・ 壓克力顏料

前表布（正面）

（背面）

1 縫合足部配布。

後表布（正面）

前表布（背面）

返口止點

2 前後表布2片正面相對接合，預留返口並剪牙口。

畫上眼睛及鼻子

棉花

3 翻至正面稍作整燙，畫上眼睛，並填入棉花。

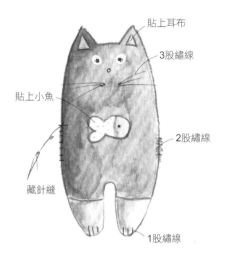

貼上耳布

3股繡線

貼上小魚

2股繡線

藏針縫

1股繡線

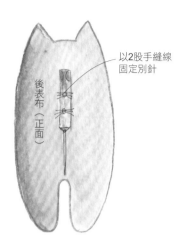

以2股手縫線
固定別針

後表布（正面）

4 貼上耳布、小魚並縫上繡線裝飾，返口以藏針縫縫合固定。

5 縫上別針固定即完成。

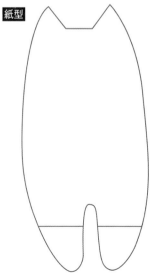

春日輕喵
Spring Days

材料與工具

表布 4×4cm 2 片（頭部）・配布 6×7cm 2 片（身體）・耳布（依個人喜好裝飾搭配）・尾巴布 5cm×1cm（依個人喜好決定長度）・繡線・棉花・別針・壓克力顏料・布膠

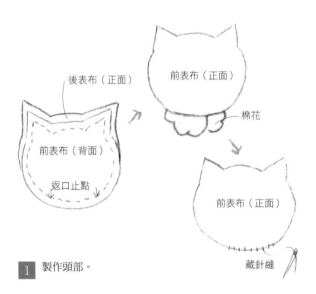

後表布（正面）

前表布（正面）

前表布（背面）

棉花

返口止點

前表布（正面）

藏針縫

1 製作頭部。

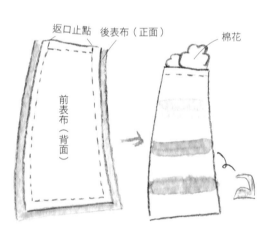

返口止點　後表布（正面）

棉花

前表布（背面）

2 身體前後表布2片正面相對接合，預留返口，翻至正面稍微整燙並填入棉花。

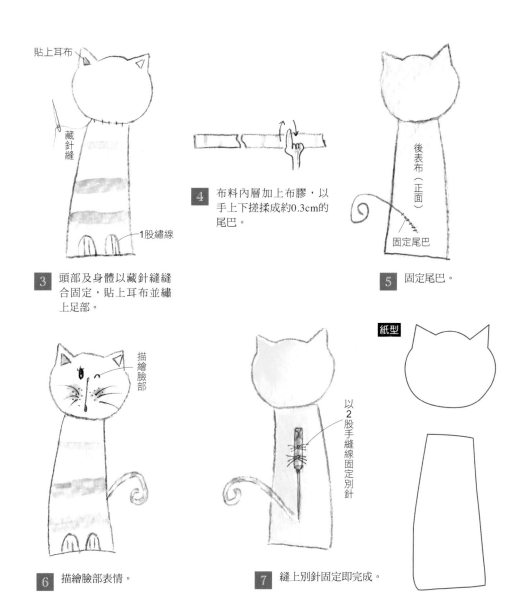

貼上耳布

藏針縫

1股繡線

3　頭部及身體以藏針縫縫合固定，貼上耳布並繡上足部。

4　布料內層加上布膠，以手上下搓揉成約0.3cm的尾巴。

後表布（正面）

固定尾巴

5　固定尾巴。

描繪臉部

6　描繪臉部表情。

以2股手縫線固定別針

7　縫上別針固定即完成。

紙型

隨心所欲～喵

Follow your heart

材料與工具

表布 7×5cm 2 片（頭部）‧ 表布 11×6cm 2 片（身體）‧ 耳布 4×4
cm 2 片 ‧ 簽字筆 ‧ 棉花 ‧ 別針 ‧ 壓克力顏料 ‧ 腮紅 ‧ 小魚

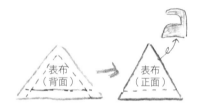

1 耳部製作。

（背面）

前表布（正面）

2 固定耳朵。

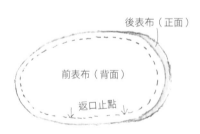

後表布（正面）

前表布（背面）

返口止點

3 頭部前後表布2片正面相對接合，預留返口。

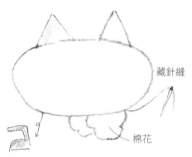

藏針縫

棉花

4 翻至正面稍微整燙並填入棉花。

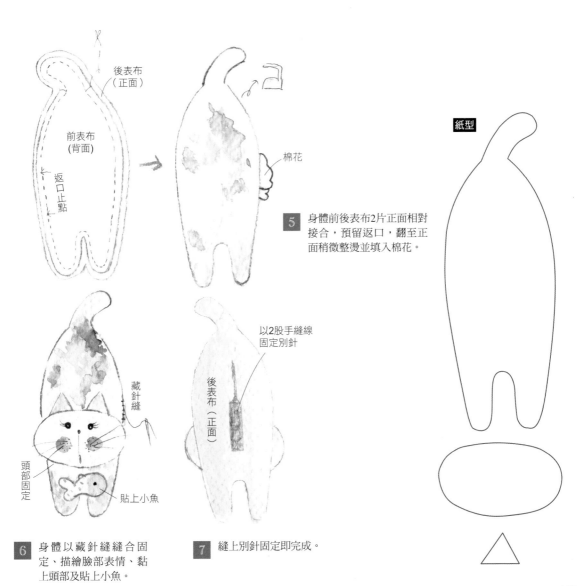

後表布
（正面）

前表布
(背面)

返口止點

棉花

5 身體前後表布2片正面相對
接合，預留返口，翻至正
面稍微整燙並填入棉花。

藏針縫

以2股手縫線
固定別針

後表布
（正面）

頭部固定

貼上小魚

6 身體以藏針縫縫合固
定、描繪臉部表情、黏
上頭部及貼上小魚。

7 縫上別針固定即完成。

紙型

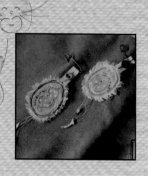

愜意～ニャオ
Chill Cats

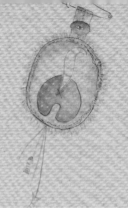

材料與工具

表布 6×6 cm 2 片（頭部）・ 鬚邊布 14 cm・ 織帶 8 cm・ 繡線 1 股・
釦子 ・ 別針 ・ 簽字筆 ・ 薄襯

表布（背面）

1　前後表布貼襯。

壓線0.1cm

2　固定圖型。

結粒繡

1股繡線

繡線

3　鬚邊固定並繡上文字及裝飾。

結粒繡

1　1出。

2　繞1圈。

3　繞2圈。

4　將線收緊，從中間2入即完成。1出2入為同一孔。

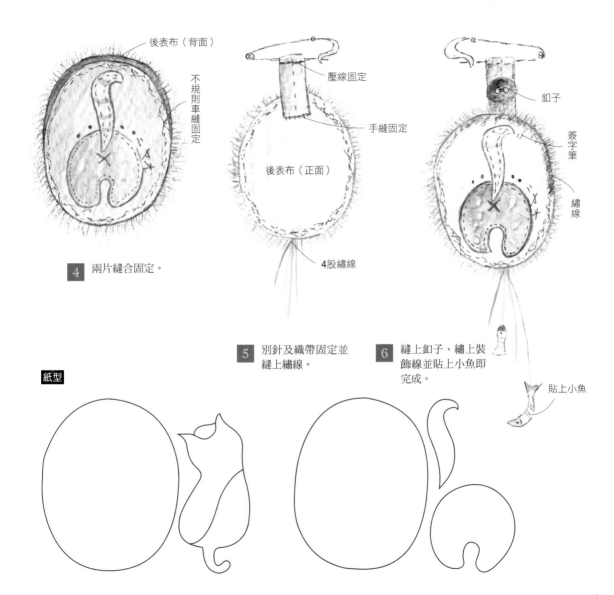

後表布（背面）

不規則車縫固定

4 兩片縫合固定。

壓線固定

手縫固定

後表布（正面）

4股繡線

5 別針及織帶固定並縫上繡線。

釦子

簽字筆

繡線

6 縫上釦子、繡上裝飾線並貼上小魚即完成。

貼上小魚

紙型

手作小市集　2

胸針小飾集
人氣手作家的自然風質感選品

....

作　　　　者／林哲瑋・嬢嬢・RUBY 小姐・月亮 Tsuki
發　行　　人／詹慶和
執　行　編　輯／劉蕙寧・黃璟安
編　　　　輯／蔡毓玲・陳姿伶
執　行　美　編／周盈汝
美　術　編　輯／陳麗娜・韓欣恬
攝　　　　影／MuseCat Photography 吳宇童
插畫＆作法繪圖（P.96至121）／月亮Tsuki
出　版　　者／雅書堂文化事業有限公司
發　行　　者／雅書堂文化事業有限公司
郵政劃撥帳號／18225950
戶　　　　名／雅書堂文化事業有限公司
地　　　　址／新北市板橋區板新路 206 號 3 樓
網　　　　址／www.elegantbooks.com.tw
電　子　郵　件／elegant.books@msa.hinet.net
電　　　　話／(02)8952-4078
傳　　　　真／(02)8952-4084

....

2022 年 03 月初版一刷　定價 380 元

國家圖書館出版品預行編目(CIP)資料

胸針小飾集：人氣手作家的自然風質感選品/林哲瑋・嬢
嬢・RUBY小姐・月亮Tsuki著. -- 初版. -- 新北市：雅書
堂文化, 2022.03
　　面；　公分. -- (手作小市集; 02)
ISBN 978-986-302-615-0 (平裝)
1.裝飾品 2.手工藝

426.9　　　　　　　　　　　　　　　　　111000414

....

經銷／易可數位行銷股份有限公司
地址／新北市新店區寶橋路 235 巷 6 弄 3 號 5 樓
電話／(02)8911-0825　傳真／(02)8911-0801

....